El cuidado del ambiente desde la escuela.

Educación ambiental.

Prólogo

Este libro pretende interpelar las formas, con las cuales, el hombre se relaciona con la naturaleza.

Es un intento de evitar clausuras frente a las diferentes posiciones adoptadas por cada una y cada uno, de las y los seres que habitamos este planeta.

A diario advertimos que no somos poseedores de las formas óptimas de actuación en el escenario de la Naturaleza. Actuamos, en ocasiones, aquellos actos que afectan negativamente esa relación dialéctica entre humano-tierra.

A veces no se prevé en el cuidado de nuestro planeta Tierra, la importancia necesaria de los cuidados de acción, en cuanto se refiere a la protección de los recursos naturales que le son menester y apropiados a nuestro planeta.

Los medios masivos de comunicación, y con ellos las nuevas tecnologías en su avance furtivo, nos informan, en una especie de bombardeo, acerca de desastres ambientales, catástrofes, tsunami, terremotos, maremotos y todo tipo de calamidades, y porque no, otras tantas problemáticas más.

De lo anteriormente expuesto, radica la importancia de comenzar a pensar los caminos que deben trazarse en la política públicas, y específicamente, para el desarrollo de este libro, abarca la competencia en otras especialidades como las políticas educativas.

Debatir y proponer con respecto al cuidado del medio ambiente como lugar donde desarrollamos los hombres y las mujeres, diferentes actividades relacionadas con nuestros estilos de vida como:

- el ocio,

- el trabajo,

- los juegos,

- la alimentación,

- la crianza,

-la educación,

- la reproducción,

- el crecimiento

- el estudio,

- los deportes,

-entre otras actividades

Estas y otras actividades son parte del quehacer cotidiano de las sociedades.

Actividades del ser humanos en el ambiente natural.

Fotografía de zona de Ingeniero White- Pcia. de Bs As.

Capítulo 1

La sociedad y la cultura.

¿Y quién es la Sociedad?

¿Y quién es la cultura?

Cabe hacernos una pregunta sobre lo expuesto anteriormente y para que no pase desapercibido.

¿Y por qué pensamos en la educación?

Es necesario plantearse porque nos aliamos a la educación como medio de llegar a todas y todos, niñas, niños, jóvenes, adultas, adultos y adultos mayores.

Justamente porque la educación nos atañe a todas y a todos, como:

- A las familias,

- A los mayores,

- A los docentes,

- A las instituciones oficiales y no oficiales,

- A los políticos, gobernadores, congresistas y diputados, intendentes y demás autoridades electas por gobierno democráticos,

- A las empresas nacionales e internacionales,

-A las grandes y pequeñas industrias,

-A las Pymes,

- A los grandes y pequeños comerciantes,

- A los profesionales de la salud física y mental,

-A los amigos,

-A los pares,

- A las instituciones educativas formales públicas o privadas,

- A las instituciones educativas no formales públicas o privadas,

- A las administraciones de edificios de propiedad horizontal, encargados de edificios, consorcistas, vecinos,

- A los medios masivos de comunicación,

- A los programas culturales,

- A los programas no culturales,

- A los responsables de la programación de tv para niños,

- A los programadores de juegos digitales para niños,

-A los creadores de juegos de mesa físicos para niños,

-A las propagandas por TV, afiches, etc.

- A los agentes culturales,

- A las agencias culturales,

-A las agencias barriales,

- A los bancos,

-A los diferentes organismos nacionales,

-A las ONG

- A los diferentes organismos internacionales,

-A otros implicados en otras actividades,

-A todas y todos.

Nadie ni nada queda al margen de su implicancia, ni exceptuado de este compromiso de formación y educación para todas y todos.

Basta sólo con detenemos a pensar:

¿Y yo qué tengo que ver con esto?

Dejaremos esta pregunta para que usted, lector, pueda responderla después de finalizar la lectura de este libro.

Esta educación involucra a los que estamos, a los que convivimos en el plancta Tierra, pero también atañe a las nuevas generaciones, al provenir, a los futuros venideros, habitantes por llegar.

A aquellos niños que deberán formarse como ciudadanos responsables, que breguen por una sociedad y un ambiente de calidad para todos y todas, además de la adecuada administración y con ello. el correcto uso de los recursos naturales que nos provee nuestro planeta.

Capítulo 2

Costumbres Argentinas.

Costumbres de inmigrantes.

Como todos sabemos las personas nos manejamos con algunas acciones que tienen estrecha relación con nuestras costumbres culturales.

Aquellas que se realizan "porque sí", porque así nos enseñaron y "así" lo vimos en nuestro hogar, sin cuestionarnos nada de dicha acción. Naturalizado aquello, por el entorno familiar.

Entonces la gente que habita y "vive" una determinada cultura realizará acciones diferentes en torno al ambiente que habita como parte de sus costumbres, que no han sido mediatizadas por la razón sino tan solo por "lo familiar" y "conocido".

Decir esto es decir que cada cultura da lugar a que cada sujeto posea, o cada sociedad, funcione como si tuvieran, sus integrantes, colocadas gafas de diferentes tintes y formas. Estas acorde a la forma de ver y pensar de cada cultura.

Estos anteojos, anteojeras, muletas culturales, con sus cristales de diferentes colores. con sus diferentes grosores y sus calidades. Más claros o más oscuros, en todos sus matices, estilos y tamaños.

Es así que, dependiendo del cristal, en el grosor y color, que tiene el espejo vamos a escenificar diferentes formas de cómo nos comportamos culturalmente dentro de nuestra sociedad.

No está mal pertenecer a una cultura, porque es parte de vivir en la sociedad. Ser socialmente activo, pertenecer, establecer lazos, internalizar capital antiasmático de nuestros antecesores.

Lo que "SÍ" se destaca como sumamente necesario es poder interpelar las formas de esa cultura mamada, encarnizadas, bebida cuál leche materna.

Aquella cultura mamada, es la que nos marca las pautas de comportamiento y nos condiciona. Y además a través de las cuales nos relacionamos con los otros. En lo que se refiere a las actuaciones correctas con respecto al medio ambiente.

Fotografía de Panukkale-Turquía. Castillos de algodón

Piscinas naturales termales.

Esto modos de ser naturalizados dentro de una determinada cultura no solo determina la relación con los" Otros" sino que, en este caso, la relación también se establece con los recursos naturales de los que nos provee la naturaleza de nuestro medio ambiente.

Interpelar las formas de comportamiento frente a la naturaleza es comenzar a tomar conciencia de cómo estamos obrando en nuestras acciones, ya sean de buen uso o con acciones de mal uso, en lo que compete al cuidado del medio ambiente.

Va como ejemplo nacional:

En algunos pueblos de nuestro país donde la fuente económica es el cultivo, se utilizan determinados pesticidas como el glifosato. dicho elemento agro industrial y tóxico, además de ser expuesto en los sembradíos termina llegando hasta las calles y veredas del pueblo.

Esto sucede debido a que una vez colocado en el cultivo, es llevado, por las mismas personas, en la ropa, en los zapatos, en los vehículos de transporte, en las ruedas de los mismos o son guardados en los depósitos del pueblo hasta su uso en el sembradío, el viento también transporta dicha partícula. Finalmente ingresa en las viviendas y trae consigo patologías graves como:

- Cáncer

- Enfermedades respiratorias

- Malformaciones en niños natos

- Malformaciones en niños nacidos no natos

- Alergias de diferentes tipos como de piel. respiratorias,

  de garganta, ojos, etc.

- Otras enfermedades

Es así, que no solo termina aplicado dicho producto en el cultivo, sino que queda esparcido en las calles, casas, veredas, agua y en los habitantes de ese lugar.

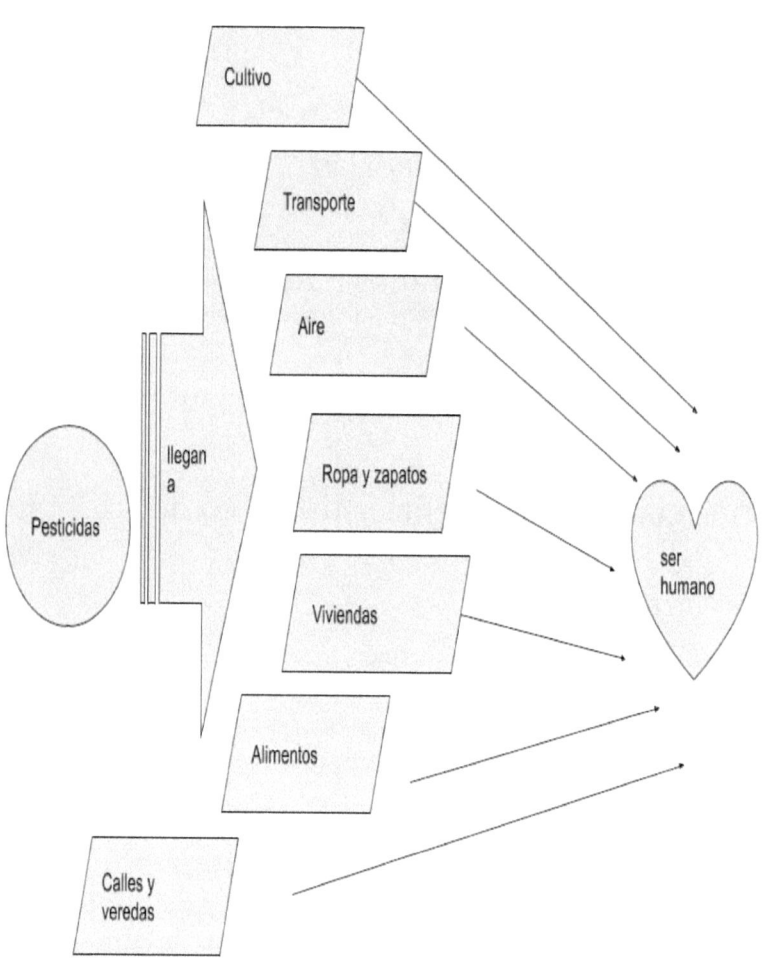

Claramente ya se ha demostrado que con algunas operaciones no alcanzan, algunos gobernantes y habitantes necesitan un poco más de tiempo para hacer el **"insight de conciencia"** necesario como para tomarse las cosas en serio.

Adecuando políticas públicas en concordancia con el respeto por el valor de la vida y el valor del medio ambiente como lugar habitado por los seres vivos.

No alcanza con murmurar, decir o gritar a todos los vientos y en todas las direcciones, cómo se contaminan las tierras, cómo se contaminan los mares o cómo se contamina el aire de los cielos, día a día, sin que impacten estas acciones lo suficiente como para aminorarlas.

Ya que es muchísimo el tener que pedir que se detengan porque se afectarán de esa manera los mercados mundiales, sin más ni menos.

Es menester buscar soluciones alternativas e innovadores, no solo para lo que es el cultivo sino para otras infinidades de
situaciones que acontecen en nuestro medio ecológico.

"Un ejemplo de búsquedas alternativas es el reemplazo de la energía eléctrica por la energía eólica, en aquellos lugares de campo donde la primera no llega a los hogares y que además se utiliza para otros quehaceres campestres"

Sierra de la Ventana- Pica de Buenos Aires

Capítulo 3

La "Queja -lamento" no es operativa.

En varias oportunidades hemos escuchado a especialistas que nos dan cifras acerca del estado de contaminación en el cual nos encontramos inmersos.

Y frente a estos datos se vocifera la barbaridad de ese estado contaminante y se arroja la culpa en el "Otro", fuera de uno. Frente a este acto de arrojo hacia el exterior, de un dato de la realidad ambiental, cabe preguntarnos:

"¿Qué hacemos cada uno de nosotros por revertir esta situación?"

Dejamos esta pregunta a la libertad de cada lector para que pueda ser contestada en la soledad de su conciencia.

Agregamos que dicho comentario subraya lo que he llamado en otros escritos "queja-lamento". aquellas palabras que sentencian la prematura clausura de algo que podría haberse realizado y no se ha realizado, por el impedimento de la búsqueda de caminos alternativos de mejora.

Esta queja que no es útil, que no tiene potencia, y que no da oportunidad a pensar en formas innovadoras de accionar en nuestras conductas y en nuestros vínculos con la naturaleza.

"Innovar, crear, recrear, implicancia, reinventar, reelaborar, repensar son palabras claves en la actualidad y son el fundamento de toda acción solidaria y comprometida."

La conducta correcta, el pensamiento acorde sería poder interpelamos sobre aquellas conductas naturalizadas que

tiene el ser humano y ocasionan daños al medio ambiente.

Cuadro comparativo entre la "queja de inacción" y la "queja de acción".

Estado de reposo mental versus estado de actividad mental.

Actitud de Queja	Queja lamento	Queja creativa
Ambiente natural	Se conoce acerca de que "algo está mal" Mantiene el estado actual. No se busca salir de la situación NO deseada. No se innova.	Se toma conocimiento de manera responsable sobre una situación que afectaría al desarrollo de la vida común. Se implican y se compromete. Aparecen caminos alternativos para modificar dicha situación.
Ambiente humano	Se tiene conocimiento que hay un operaciones sociales y funcionamientos inadecuados y que no benefician al ser humano. Mantiene la situación. no permite cambios	Existe corresponsabilidad por mejorar las situaciones que afectan al desarrollo de la vida humana. Se interrogan. Buscan y prueban diferentes soluciones. Se investigan y comparan con otras situaciones mundiales y se buscan las mejores soluciones. se operativiza.

"La queja que acciona es aquella que genera cambios, que se compromete y se implica en el estado actual de contaminación. Es aquella que traza caminos alternativos. Es potencia viva y previene un devenir que podría resultar peligroso para la humanidad"

En el siguiente esquema de flujo (1) y el cuadro (2) se observan los diferentes estados por los que atraviesan ambos tipos de queja durante el proceso de desarrollo desde su inicio hasta su finalización.

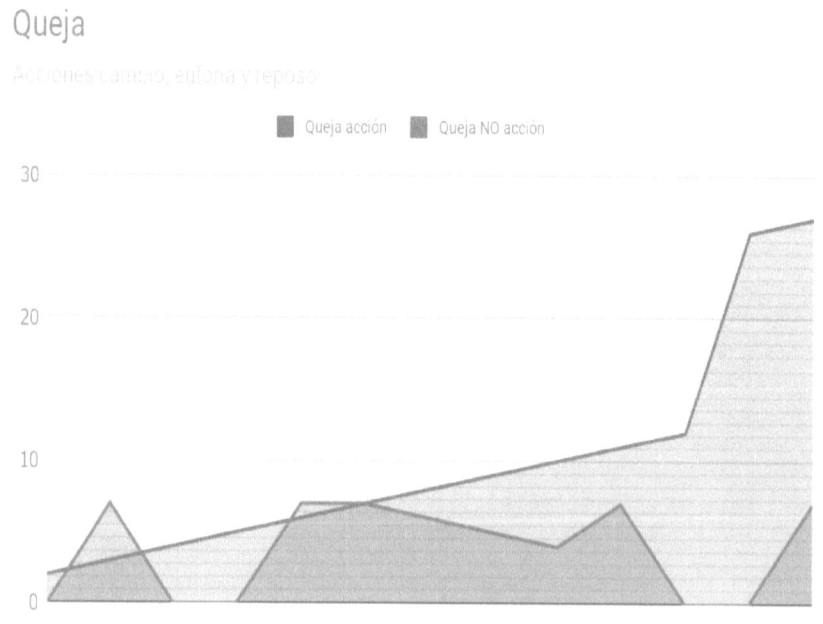

Queja

Acciones: amago, euforia y reposo

■ Queja acción   ■ Queja NO acción

Cuadro (2)

Queja lamento	Queja acción
Recibe noticia	Recibe noticia
Indignación	Indignación
Euforia	Búsqueda de caminos alternativos
Acción de reposo	Acción de cambio

Capítulo 4

¿Error involuntario u omisión?

Acciones sin querer o acciones queriendo.

Cabe preguntarse, antes de prejuzgar.

"¿Será consciente el ser humano del daño que sus conductas le producen al medio ambiente?"

Sin embargo, nada es tan oscuro como parece, porque hoy por hoy vemos que se han multiplicado las buenas conductas y la responsabilidad con respecto al cuidado del medio ambiente.

Observarnos que, en algunas viviendas, en algunos edificios, se reciclan algunos materiales como cartones, vidrios, latas, telas, plásticos, entre otros materiales que se pueden reutilizar. No sucede en todos, pero si en algunos. Lo que nos permite pensar que el algún momento el vaso se verá medio lleno.

En países con EEUU e Inglaterra es parte común del hacer diario.

Estos materiales que son reciclables son separados de aquellos elementos biológicos que se descomponen conocidos como basura o materia orgánica.

Volviendo a nuestro país, y a niveles macro, como dentro de algunas grandes ciudades, que aún se encuentran en pleno desarrollo, se observan disposiciones y dispositivos que permiten una discriminación entre los desechos de materiales que provienen de los hogares.

A simple vista vemos, al recorrer algunas ciudades, que por sus calles han sido colocados tachos de residuos orgánicos e inorgánicos, para materiales reciclables y para basura, diseminados por las calles en diferentes colores como:

- negros,

- verdes y

-grises.

También los hay solo para reciclables con recipientes para:

- vidrios,

- latas,

- papeles y cartones,

- plásticos.

Estos contenedores se ven mejores ubicados y más prolíficos en las plazas y parques de la ciudad. Quizás porque la población que allí asiste usan en gran cantidad este tipo de material y lo desecha en dichos lugares.

En ocasiones se busca la comodidad de quien descarta ese material. Como dice el dicho: "Si Mahoma no va a la montaña, la montaña irá a Mahoma". Y así parece.

Estos contenedores son colocados para que los habitantes de esa ciudad puedan utilizarlos para tirar aquellos elementos que ya no necesitan. Sin embargo, vemos las calles, veredas y plazas sucios, a pesar de sus barrenderos y plazeros.

"Hay mucho para trabajar en campañas de concientización sobre el cuidado y protección del medio que habitamos"

Los materiales reciclables se depositan en tachos verdes como icono del cuidado de la naturaleza y los tachos negros se corresponden con los elementos biológicos que se descomponen y serán llamados "basura", materiales inorgánicos.

Esto se debe que a simple vista el "descartador" deberá percatarse donde debe arrojar sus residuos sin tener que observar el contenido del recipiente donde arrojará sus elementos, como así también hacia donde orientar sus pasos en la búsqueda del cesto adecuado.

Contenedores de residuos

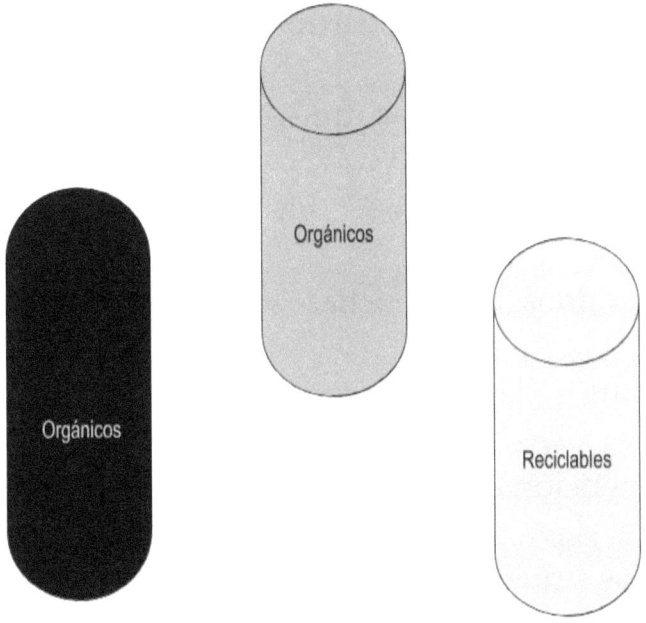

Contenedores de residuos que podemos encontrar en las ciudades y pueblos, por color y función. -

A pesar de estos cambios, en favor de una vida de mejor calidad, que van aconteciendo en algunas zonas territoriales, en ocasiones cuesta creer que, al detenernos a observar qué elementos, los sujetos arrojaron dentro de los contenedores, nos encontraremos con muchas sorpresas. Por ejemplo, encontramos dentro de cada uno de los recipientes recién mencionados para elementos de reutilización, elementos que son considerados orgánicos de desecho.

Entonces, viceversa, también se puede observar que dentro de los contenedores de basura existen elementos que no serían descartables.

Y la pregunta para este momento sería:

"¿Qué le está pasando a los sujetos que aun teniendo conocimiento que los elementos deben ser separados entre reciclables y basura no lo hacen?"

También dejaremos las respuestas de esta pregunta para ser pensadas en sus hogares y con sus allegados más cercanos.

Aunque. Pensando una y otra vez...

Las respuestas pueden ser múltiples e infinitas. Entre esas respuestas podemos decir que:

- Las personas no tienen ganas de discriminar los elementos que ya no utiliza.

- No tienen tiempo.

- No tienen interés.

- Desconocen que los elementos deben ser separados.

- No tienen interés con lo que pase con esos elementos dado que la existencia del hombre es finita y quizás no estén en el momento justo de toma de conciencia ni cuando esos elementos lleguen a ser degradados.

- Que comenzarán a surgir cambios más agudos dentro de lo que es la naturaleza, y muchos factores más que dependen de la misma.

- Cada persona es singular y su estructura psíquica, del sujeto en cuestión, es diferente.

- Otras….

Capítulo 5

Del cuidado del medio ambiente también se habla. Entonces hablemos.

En la medida que vamos avanzando en este texto vamos trazando un recorrido por las diferentes formas existentes en las que corresponden separar aquellos residuos orgánicos, conocidos con basura y aquellos elementos de uso reutilizable o no descartables.

Existen diferentes las diferentes posiciones u oposiciones que pueden ser desplegadas por las personas frente a la acción de "tener que reciclar (obligación y responsabilidad) y querer reciclar (deseo de pasar de una situación actual no deseada a otra situación deseada y querida).

Está dicotomía del sujeto, las dos caras de una misma moneda, a su vez, también nos lleva a pensar en algún tipo de influencia dentro de la Sociedad. tendremos que indagar acerca de esas posibles influencias.

Surgen así nuevos interrogantes, a saber:

"¿Qué es lo que acontece dentro de lo que es el espacio curricular de la educación en este aspecto?"

Y es así que consideramos que es necesario pensar que está sucediendo en el área de Educación con el cuidado del medio ambiente y con el conocimiento que hay que proveer a las futuras generaciones de adultos. Además de pensar que incluyen aquellos conocimientos acerca de la naturaleza, del medio cercano y lejano que deben conocer las alumnas y los alumnos.

Comparar las relaciones entre lo que es la vida actual y lo que es la calidad de la vida en un ambiente cuidado. Poder sopesarlas y compararlas. Argumentar diferentes posicionamientos desde el conocimiento.

Y con esto nos estamos refiriendo a que es necesario que la educación intervenga en estos matices de manera preponderante y veloz.

Cuando nos referimos a la educación, desde este momento, nos referimos en el sentido de amplio de la Educación que incumbe al Estado en su ofrecimiento de educación oficial y obligatoria (desde los 5 años de edad y hasta la finalización de la Educación media).

No sólo dejando que los padres, los tíos abuelos y las familias que se dediquen a educar específicamente y únicamente sobre este tema. Porque solo podrán darlo en las medidas de sus posibilidades, es por eso que hacemos referencia a la Educación ambiental.

La Educación ambiental, como área de conocimiento debería ser también un eje transversal a todas las demás áreas. Porque el lugar donde habitamos, el lugar donde paseamos, vacacionamos, el lugar donde vamos a recrearnos y distendernos. Aquellos lugares también tienen que ver con el ser humano, con los hilos de sus actividades de tiempo libre que hace de su tiempo, de su trabajo, educación y al final un tiempo de ocio para su recuperación psicosomática.

Campo con molinos de Energía eólica. Bahía Blanca

Capítulo 6

El diseño curricular y el medio ambiente.

El diseño curricular, marca el enfoque didáctico y las propuestas pedagógicas posibles para los diferentes niveles, algunos de formación general y otros más específicos. Y ellos son:

- Inicial

- Primaria

- Secundaria

- Terciaria o Superior no universitaria.

- Universitaria

Nos enfocaremos en el Diseño curricular de educación Primaria.

En su tratamiento existe mucha claridad en lo que se refiere a la Educación ambiental y su ámbito de competencia. Así se van trazando proyectos de manera transversal a las diferentes áreas de conocimiento con Prácticas del lenguaje, Historia, Matemática, Educación Física, Educación Tecnológica, educación Plástica, entre muchas más.

Exigiendo y clarificando, en lo textual, preceptos extremos del cuidado y del tratamiento, de todo aquello que tiene que ver con el cuidado del medio ambiente cercano y lejano. Pero solo transversalmente al resto de las áreas de estudio.

Pero no observamos dentro del Diseño Curricular de Educación Primaria un área específica llamada **Educación Ambienta**l. quizás se deba a que en el año que fue plasmado como texto escrito fue durante el 2004, y tal vez, no existía tanto el auge por la protección del planeta y sus recursos naturales, tanto renovables y como no renovables.

Existen diferentes programas y proyectos dentro del Ministerio de Educación del Gobierno de la ciudad de Buenos Aires tendientes a fomentar la relación que tiene el alumno con el medio ambiente, en pos de la búsqueda de la conciencia armónica de esta situación. Además, posiblemente traiga consigo cambios innovadores en estas futuras generaciones de adultos.

Dentro de estos proyectos, algunos se utilizan para fomentar las articulaciones entre el sistema viso-motor. Así en las escuelas, se replica lo que acontece en las grandes ciudades en relación a los cestos de colores mencionados más arriba. Entonces dentro de las escuelas vemos cestos de residuos de diferentes colores para seleccionar y discriminar entre materiales orgánicos y materiales que pueden ser reciclados.

Finalmente, aquellos materiales que pueden ser reciclados serán retirados de la escuela para proceder a su futuro reciclaje. El retiro se realiza a través de un medio de transporte y de recicladores, y son llevados a una planta de reciclaje de la Ciudad.

Dentro de estos proyectos observamos uno de los **propósitos esenciales** en relación al alumno y su formación como **transmisor de los contenidos adquiridos a otros alumnos**, a otros pares y a adultos de su familia o a agentes de los extramuros del colegio, a nivel global sobre la temática del cuidado del medio ambiente.

Existen, también, proyectos que premian las innovaciones de referencias automáticas otorgando la posibilidad de su construcción y otorgándole un lugar en lo económico, premio que se hace en dinero.

Otros proponen viajes de estudios donde se puedan exponer y explorar, conocer otras situaciones que acontecen en relación a los Estados ambientales, en otras zonas territoriales.

Así se podrían enumerar infinitos proyectos, exposiciones, premios, entre otros, que se van otorgando a los sujetos que dedican su tiempo al estudio de esta situación actual ecológica y al mejoramiento de la calidad de vida. Tal es el caso de invenciones en pos de la purificación del agua para ser bebidas en algunas provincias donde existe carencia de agua potable.

Además de cuestiones ecología y medio ambiente, tanto urbano y rural, también es necesario incorporar temas relacionados con el cultivo y la siembra.

Ya sea monocultivo o cultivo de rotación y el uso de productos agro industriales como es el caso de los pesticidas en las fumigaciones. tanto en las ventajas y en sus desventajas y en las consecuencias de su uso masivo.

No sólo en los cultivos sino en los pueblos cercanos a dichos cultivos y las patologías que van presentándose en ellos.

En este sentido es muy interesante que las alumnas y los alumnos tomen conciencia acerca de la alimentación que llevan a su mesa, en este caso verduras y legumbres, que son afectadas en dichos cultivos por el uso de pesticidas.

Conociendo cuáles son las ventajas y las desventajas del uso de los mismos en cuanto a la salud de las personas y de todos los seres vivos. Tema ya abordado en capítulos anteriores

Capítulo 7

Tríada: ser humano, planeta Tierra y elementos en desuso.

Pregunta retórica o con respuesta explicita.

"¿Qué posibilidad existe entre modelar a un sujeto que sea capaz de hacer de su vida y su relación con los objetos una cuestión de reciclaje?"

Esto nos lleva a pensar en la necesidad que tienen las personas de manejarse en la adquisición de objetos nuevos.

"¿Cuál es el temor que se encierra en una persona acerca de la compra de un objeto que ya ha sido usado?"

Mitos, mitos y más mitos.......

Muchas son las creencias como tantas las subjetividades que habitan este suelo:

- Algunas relacionadas con la energía que depositó en ese objeto la persona que fue anteriormente la dueña. (¡Y ni que decir si la persona ya no está en este mundo!)

- Otras hacen referencia a una situación kármica

en donde existe una deuda entre el dueño del objeto y la persona que lo adquiere Como si fuese una entrega y una aceptación.

- Otros solo por el simple pensamiento de considerar que sólo los objetos de segunda mano son de exclusividad para las personas de pocos recursos económicos.

- Otros aducen que han quedado las huellas genéticas del dueño en dicho objeto y no pueden ser borradas con un simple lavado con agua y jabón.

De lo antepuesto, todo escapa a la comprobación empírica no existiendo un fundamento científico que certifique que estás hipótesis fueran ciertas. Con dos o tres palabras estas teorías caerían bajo su propio peso.

Pero la realidad radica en la toma de conciencia de la utilización y reutilización y reciclado de los objetos que se encuentran en circulación dentro de la sociedad, a los fines de no contribuir a la continua elaboración de más productos que al fin y al cabo terminan generando un exceso de material de residuo.

"¿Cabría pensar qué capacidad tiene el mundo de albergar cantidad infinita de residuos?"

Habrá que focalizar en otros aspectos entonces. Entonces.

"¿Cuál será el kit de la cuestión? "

"¿La toma de conciencia de los espacios y de la cantidad de lugar que tenemos en el planeta tierra para depositar nuestra basura orgánica y nuestros objetos inservibles?"

"¿Quiénes serán los afectados por estas determinaciones entre seres humanos y seres vivos?"

Los invitamos a pensar en las diferentes situaciones que se fueron agregando a lo largo de estos capítulos leídos, que alberguen algunas preguntas y que intentan generar otras nuevas, perfilando a la toma de conciencia en los lectores de hoy, de la amplitud del abordaje de este tema.

La importancia radical es quedarnos con la idea de la inmensidad de los temas que quedan sin abordar en este escrito.

Dando fin a este capítulo, no estamos dando por cerrado el tema, Queda librada a la creatividad del lector, a sus conocimientos y deseos de seguir investigando sobre la temática.

Es nuestro deseo sembrar en ustedes la inquietud sobre la protección del medio ambiente, en todas y cada una de sus dimensiones.

Dejando un ámbito fecundo para potenciar y maximizar la creatividad, más aún en aquellos lectores que tienen a su cargo alumnos. Donde podrán despertar intereses y que se irán complejizando, con el tiempo y con las relaciones a esta temática.

El siguiente esquema da cuenta de alguna, de las tantas dimensiones que se hacen presentes, al abordar el tema de la Educación ambiental.

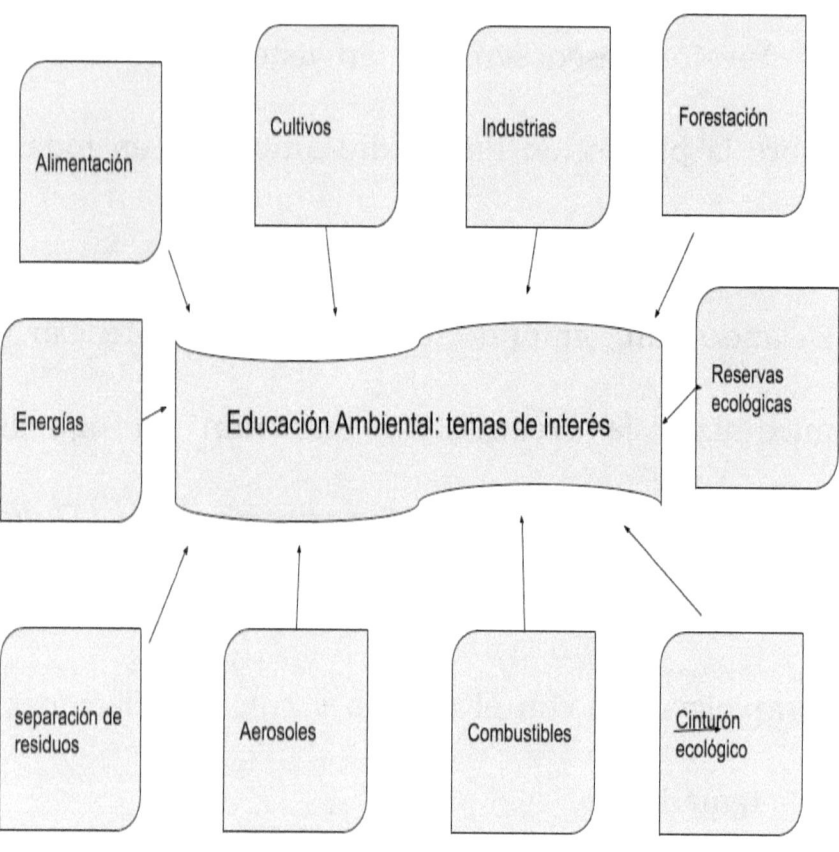

Alimentación

Cultivos

Industrias

Forestación

Energías

Educación Ambiental: temas de interés

Reservas ecológicas

separación de residuos

Aerosoles

Combustibles

Cinturón ecológico

Capítulo 8

Algunos proyectos y actividades.

Entre proyectos y actividades tenemos algunos que son muy convenientes para su desarrollo, dependiendo del abordaje que se le quiera dar a la temática.

Incorporamos algunos:

A)

Huertas, cultivos y algo más….

Ferias de la Naciones o Colectividades

Ferias de micro emprendimientos.

Para casos de cultivo y uso de pesticidas tenemos conferencias muy interesantes en lo que es el ámbito de YouTube. donde a partir de la observación de estos vídeos se pueden hacer una serie de actividades que conduzcan a los alumnos y alumnos a la reflexión sobre ciertas temáticas en el uso de estos elementos agroindustriales.

Así como también el tema del monocultivo y los cultivos de rotación las diferencias que existen entre ambos Como así también sus ventajas y desventajas.

Para agregar algún que otro proyecto en lo que corresponde a los cultivos se puede realizar una huerta orgánica en donde los niños puedan generar su propio compost orgánico para luego fortalecer los cultivos.

Con respectos a los proyectos relacionados con las huertas orgánicas realizados y puestos en práctica dentro de las escuelas, estos son proyectos que se pueden presentar en las comunas barriales a donde pertenecen las escuelas y de allí pasar a conformar huertas comunitarias.

Donde se destacaría la presencia de los alumnos como agentes transmisores de los conocimientos adquiridos dentro de la escuela, con respecto a la construcción de huertas orgánicas, por fuera de los muros escolares.

Igualmente se pueden hacer "Ferias de Naciones" donde se trabaje con la huerta orgánica y se realicen productos que representen a las diferentes colectividades.

Este tema entraría en relación con la organización de "Ferias de micro emprendimientos" donde se puede exponer a la comunidad educativa diferentes micro emprendimientos con el fin de favorecer la apropiación de alguna actividad que podría resultar una fuente de ingresos para algún adulto desocupado.

Confección de elementos naturales y artesanales como:

-Velas aromatizadas

-Jabones

- Perfumes

- Esencias

- Manteles

- Repasadores

- Bufandas

- Guantes

- Suvenir

- Toallas de mano

- Carteras con sachet

- Bolsa de dormir con sachet

- Individuales con sachet

 -Adornos con elementos de reciclaje

- Billeteras de cartón

- Bijouterie armado y reparación

- Cocina fría

- Cocina vegetariana

- Huerta comunitaria y orgánica

- Origami

- Mándalas

- Etc.

B)

Separación de residuos:

Si vamos a tener en cuenta la materialización en el uso de la separación de los residuos, entre residuos orgánicos y residuos de material inorgánico tenemos diferentes formas de hacerlos, ya sea desde dentro del hogar en la cual deben tener diferentes envases donde colocarán materia orgánica e inorgánica por separado.

Para el caso de edificios es necesario la incentivación a través de campañas de concientización para y desde las administradoras, consorcios y encargados de edificio, así como también del uso de dos o tres tachos con los colores ya conocidos, donde puedan ubicarse por separado vidrios, cartones, papeles y basura orgánica.

En la ciudad de Buenos Aires podemos ver qué existen los tachos color verde que son para tirar materiales reciclables y los tachos color negro que son para materia orgánica, como ya hemos mencionado en otro capítulo.

Pero no resultan del todo eficientes dado que la gente no está separando los residuos dentro de su casa.

Entonces si observamos cuál es el contenido de un tacho de basura inorgánica podemos ver que hay una serie de materiales que podrían ser reciclados, como cajas botellas de vidrio, juguetes de plástico, ropas, etcétera.

Sabemos que esto último pasa por la comodidad de la persona qué se deshace del material orgánico o inorgánico y no hace el esfuerzo de poder separarlos.

De esforzarse y poder separarlos, el fin sería otro totalmente distinto cuando se trata de materiales reciclables.

Aquí también se observa que es una cuestión de toma de conciencia tanto la separación de los residuos dentro de la vivienda como así también la separación de residuos dentro del edificio. Teniendo en cuenta lo que resultaría mucho más fácil cuando esos elementos son dispuestos en la vereda para la recolección de los camiones encargados de retirar la basura y los camiones encargados de retirar los materiales reutilizables.

C)

Plantación de árboles:

Un proyecto muy interesante es el de la plantación en macetas pequeñas de diferentes tipos de árboles con las semillas de los frutos que ingerimos cada uno en su casa (plantines).

Es muy interesante realizar esta campaña en la cual esos machetines de árboles pueden ser donados a las diferentes comunas para que procedan a realizar las plantaciones correspondientes en los parques veredas y zonas donde faltan árboles.

Además de ver el crecimiento de las semillas, hacer los registros correspondientes y visualizar su desarrollo.

Para esta actividad sería conveniente que se genere el compromiso una vez donado el material o los macetines a las comunas barriales, área espacios verdes.

Solicitar la invitación de poder participar las alumnas y los alumnos que le dieron vida a esos arbolitos, en dichas plantaciones, así como también que sean bautizados esos árboles con algunos nombres dados por ellos. Desarrollando la apropiación y la implicancia. Caracterizada por el nombre que se le da cómo mentor fundante surge el compromiso del cuidado de los mismos.

Además de conocer en qué lugar está creciendo el arbolito sembrado. Podrán ir a regarlos, visitarlos con los pares de la escuela y con las familias. Colocar carteles con el nombre de la especie, la escuela, etc. Todo esto es implicancia. Es algo que hay que enseñar.

Es saber y enseñar:

¿Qué tengo yo que en esto?

Bellísima pregunta y excelente respuesta en este caso.

D)

Arte:

Proyectos relacionados con el reciclaje de algunos elementos tienen que ver con cuestiones del área de plástica dónde se pueden elaborar diferentes obras de artes que posteriormente pueden ser expuesta en salones, centros culturales, lugares deportivos o espacios culturales.

Desde aquí se puede observar que radica el reconocimiento del trabajo del alumno además de la utilización de elementos que son reutilizados.

También con estas pequeñas obras de arte realizadas por los niños se pueden realizar "Ferias de arte" y el dinero obtenido por las mismas puede ser donado alguna asociación cooperadora o alguna entidad de bien público sin fines de lucro.

A modo de cierre:

La interpelación de los modos de hacer, vivir y pensar produce el crecimiento del ser humano como potencia motora de su propio mejoramiento de la calidad de vida.

Cuestionar lo instituido y aceptar lo instituyente, dándole paso, si es resultado de ello es el bien común para todos y todas, entonces será bienvenido.

Evitar tomar lo dado como algo estático, si permanecemos inmóviles a lo venidero nos tomará por sorpresa y con inacción.

No estemos paralizados frente a lo que innova porque atentara contra la apertura hacia lo nuevo.

Todo tiempo pasado fue mejor….

No será verdaderamente cierto para quien camina cercano a los cambios del presente consciente y se adapta al futuro.

Plasticidad y movilidad son virtudes claves, para el sujeto.

El compromiso por el cuidado y la protección del ambiente es de todas y todos, no haciendo referencia al sujeto sino encarnando al sujeto en las naciones y estados, en los organismos internacionales y de gobierno nacional.

No bastará con acciones solitarias y singulares. Las acciones a las que apuntamos son las grandes acciones masivas que se deben peticionar ente las autoridades, como lo indica la Constitución Nacional.

Índice

Prólogo…………………………………………..………Pág.1

Cap. 1: La sociedad y la cultura…………... Pág. 9

Cap. 2: Costumbres Argentinas…………......Pág.17

Cap. 3: La queja………………………………… Pág. 31

Cap. 4: ¿Error involuntario u omisión?......Pág. 41

Cap.5: Del cuidado del medio…….……....Pág.55

Cap. 6: El diseño curricular……….……..... Pág. 63

Cap. 7: Tríada………..…… ……….……..…...Pág. 73

Cap. 8: Proyectos y actividades…….…..…. . Pág. 83

A modo de cierre….…….…...…….…… Pág. 99

Índice…...….…….……..……..……….……...Pág. 101